**Bibliografische Information der Deutschen Nationalbibliothek:**

Die Deutsche Bibliothek verzeichnet diese Publikation in der Deutschen National-bibliografie; detaillierte bibliografische Daten sind im Internet über http://dnb.d-nb.de/ abrufbar.

**Impressum:**

Copyright © 2018 GRIN Verlag
Druck und Bindung: Books on Demand GmbH, Norderstedt Germany
ISBN: 9783668799998

**Dieses Buch bei GRIN:**

https://www.grin.com/document/441728

Alëna Knaus

# Grundlagen des Fuzzy Controllers. Vor- und Nachteile gegenüber regelbasierten System ohne Fuzzy-Logik

GRIN Verlag

**GRIN - Your knowledge has value**

Der GRIN Verlag publiziert seit 1998 wissenschaftliche Arbeiten von Studenten, Hochschullehrern und anderen Akademikern als eBook und gedrucktes Buch. Die Verlagswebsite www.grin.com ist die ideale Plattform zur Veröffentlichung von Hausarbeiten, Abschlussarbeiten, wissenschaftlichen Aufsätzen, Dissertationen und Fachbüchern.

**Besuchen Sie uns im Internet:**

http://www.grin.com/

http://www.facebook.com/grincom

http://www.twitter.com/grin_com

## Assignment

# Fuzzy-Controller

**Modul:** Systemdesign - SYD81-AS

# Inhaltsverzeichnis

I.    Abkürzungsverzeichnis .................................................................... III

II.   Abbildungsverzeichnis .................................................................... IV

1.   Einleitung .................................................................................... 1

    1.1.   Zielsetzung ............................................................................ 1

    1.2.   Aufbau der Arbeit .................................................................. 1

2   Grundlagen ................................................................................... 2

    2.1   Fuzzy-Controller ..................................................................... 2

    2.2   Fuzzifizierung .......................................................................... 3

    2.3   Inferenz ................................................................................... 4

    2.4   Defuzzifizierung ...................................................................... 5

3   Darstellung der Funktionsweise eines Fuzzy-Controllers anhand eines Anwendungs-beispiels ..................................................................... 6

    3.1   Beschreibung des Anwendungsbeispiels: Klimaanlage .................... 6

    3.2   1. Arbeitsschritt: Fuzzifizierung ................................................ 6

    3.3   2. Arbeitsschritt: Inferenz ........................................................ 8

    3.4   3. Arbeitsschritt: Defuzzifizierung ........................................... 11

4   Vor- und Nachteile des Fuzzy-Controllers ..................................... 13

5   Zusammenfassung ....................................................................... 14

Literaturverzeichnis ............................................................................ 16

# I. Abkürzungsverzeichnis

$e$      Eingangsgröße

$z$      Ausgangsgröße

$T$      Raumtemperatur

$T_s$      Raumsolltemperatur

$\mu_{\tilde{A}_i}$      Zugehörigkeitswert der Eingangs-Fuzzy-Menge 1

$\mu_{\tilde{B}_j}$      Zugehörigkeitswert der Eingangs-Fuzzy-Menge 2

$v_{WENN}^{(i,j)}$      Wahrheitswert des WENN-Teils der Regel

$N_{WENN}$      Erfüllungsmatrix

$\mu_{\tilde{C}_{i,j}^*}$      Zugehörigkeitsfunktion der Ausgangs-Fuzzy-Menge

$\tilde{C}^*$      resultierendes Inferenzmuster

# II. Abbildungsverzeichnis

Abbildung 1: Aufbau eines regelbasierten Fuzzy-Systems ............................................. 3

Abbildung 2: Fuzzifizierung eines Temperatur-Messwertes ........................................... 4

Abbildung 3: Beispiel für die Auswertung zweier Regeln ............................................... 5

Abbildung 4: Fuzzifizierung der Eingangsvariablen "Raumtemperatur" ......................... 7

Abbildung 5: Fuzzifizierung der Eingangsvariablen "Raumsolltemperatur" .................... 8

Abbildung 6: Fuzzifizierung der Ausgansvariablen "Klimaanlagensteuerung" ............... 8

Abbildung 7: Implikation der Regeln 7 und 8 ............................................................... 11

Abbildung 8: Akkumulierte Gesamtfläche nach der Auswertung der Regeln ............... 11

Abbildung 9: Grafische Bestimmung der scharfen Ausgangsgröße mit der CoA-Methode
............................................................................................................................... 12

# 1. Einleitung

Der Mensch beschäftigt sich einen Großteil seiner Zeit damit, Entscheidungen zu fällen oder Probleme zu lösen. Häufig werden unsere Entscheidungen von Unsicherheiten begleitet. Möglicherweise ist die Ausgangssituation so komplex, dass eine präzise Beschreibung nicht möglich ist. Vielleicht aber weiß man nicht genau, was man eigentlich will oder es sind Dinge, die man nicht wissen kann, besonders zukünftige Ereignisse, die dabei eine Rolle spielen. Unsere Unsicherheiten werden in unserer Umgangssprache widergespiegelt. Die drei beschriebenen Unsicherheitsquellen stellen für den Menschen kein Hindernis dar, um Entscheidungen zu fällen, im Gegensatz zum klassischen computergestützten Problemlösungsansatz, wo Präzision entscheidend ist. Der Mathematiker LOTFI A. ZADEH, der Begründer der Fuzzy[1]-Logik, hat 1973 in seinem „Prinzip der Inkompatibilität" dargelegt, dass Präzision über ein gewisses Maß hinaus nicht sinnvoll ist: *„In dem gleichen Maße, in dem die Komplexität eines Systems steigt, vermindert sich unsere Fähigkeit, präzise und zugleich signifikante Aussagen über sein Verhalten zu machen. Ab einer gewissen Schwelle werden Präzision und Signifikanz (Relevanz) fast sich gegenseitig ausschließende Eigenschaften."*[2]

## 1.1. Zielsetzung

Ziel dieser Arbeit ist es zunächst, die Grundlagen des Fuzzy-Controllers zu erarbeiten und zu beschreiben. Anschließend soll anhand eines Anwendungsbeispiels die Funktionsweise eines Fuzzy-Controllers dargestellt werden. Abschließend gilt es die Vor- und Nachteile von Fuzzy-Controllern gegenüber regelbasierten Systemen ohne Fuzzy-Logik aufzuzeigen.

## 1.2. Aufbau der Arbeit

Nach dem einleitenden Kapitel 1 folgt in Kapitel 2 eine Annäherung an das Thema Fuzzy-Controller und ihre Funktionsweise. Im dritten Kapitel, basierend auf den Grundlagen, wird die Funktionsweise des Fuzzy-Controllers beispielhaft anhand einer Klimaanlage illustriert. Im vierten Kapitel werden die Vor- und Nachteile gegenüber regelbasierten Systemen ohne Fuzzy-Logik aufgezeigt. Im abschließenden fünften Kapitel endet die Ausarbeitung mit einer Zusammenfassung und einer kritischen Reflexion.

---

[1] Englisch: fuzzy = ungenau, verschwommen, unscharf.
[2] Vgl. Zimmermann, 1993, S. 90.

# 2 Grundlagen

## 2.1 Fuzzy-Controller

Auf einer Arbeit von ZADEH (1973) beruht die grundlegende Idee zur Steuerung von Systemen mit Fuzzy-Methoden. Die ersten Anwendungen gehen auf MANDANI & ASSILI-AN (1975) zurück, die das Konzept auf die Steuerung einer Dampfmaschine angewandt haben.[3] Die Verwendung von linguistischen Variablen sowie die Charakterisierung von Relationen zwischen den Variablen über unscharfe Konditionalaussagen und Fuzzy-Algorithmen stellen die Hauptmerkmale der Modellierung von Fuzzy-Systemen dar.[4]

Die Nachteile der klassischen Logik und der klassischen Mengenlehre zu überwinden, ist das wesentliche Ziel der Fuzzy-Logik und Fuzzy-Mengenlehre.[5] Die Fuzzy-Logik zeichnet sich dadurch aus, dass eindeutige Messgrößen, wie Temperatur und Druck, in umgangssprachlichen Begriffen, den sogenannten linguistischen Variablen, wie „groß" oder „klein", formuliert werden. Damit verhilft die Fuzzy-Logik komplexen Systemen zu einer übersichtlichen Darstellung ohne mathematischer Beschreibung.[6] Über linguistische Begriffe und Fuzzy-Regeln lässt sich Expertenwissen, das aus Expertenbeobachtungen hervorgeht, in einem Fuzzy-System abbilden.[7]

Fuzzy-Controller gelten als robust, da sie das stabile Verhalten behalten, auch wenn die Parameter der Regelstrecke nicht konstant sind. Für deren Entwicklung sind der Zeitaufwand und die Kosten niedriger als die von den „klassischen" Reglern. Meist werden die Fuzzy-Controller bei Strecken, von denen man ein robustes Verhalten erwartet, wie bei Haushalts- und Medizingeräten oder Kraftfahrzeugen, eingesetzt.[8]

Der schematische Aufbau eines regelbasierten Fuzzy-Systems wird in Abbildung 1 veranschaulicht. Von außen betrachtet arbeiten Fuzzy-Controller mit scharfen Eingangsgrößen und geben scharfe Ausgangsgrößen aus.[9] Eine beliebige Anzahl an scharfen Eingängen und Ausgängen ist möglich, wie bei anderen Systemen auch.[10] *„Die Un-*

---

[3] Vgl. Thomas, 2009, S. 165.
[4] Vgl. Biewer, 1997, S. 378.
[5] Vgl. Kruse, et al., 2015, S. 289.
[6] Vgl. Zacher & Reuter, 2014, S. 371.
[7] Vgl. Jerems & Fritz, o. J., S. 5.
[8] Vgl. Zacher & Reuter, 2014, S. 371.
[9] Vgl. Jerems & Fritz, o. J., S. 10.
[10] Vgl. Bungartz, Zimmer, Buchholz, & Pflüger, 2013, S. 268.

*schärfe bezieht sich alleine auf die Arbeitsweise innerhalb des Controllers.*[11] Ein Fuzzy-System arbeitet intern mit Fuzzy-Mengen, daher müssen die scharfen Eingangsgrößen zunächst in unscharfe Größen transformiert werden. Dieser Prozess wird *Fuzzifizierung* genannt. Mit den erhaltenen unscharfen Größen wird die Regelbasis des Systems ausgewertet. Diesen Prozess nennt man *Inferenz*. Durch die *Defuzzifizierung* wird das Ergebnis unscharfer Größen in scharfe Ausgangsgrößen transformiert.[12]

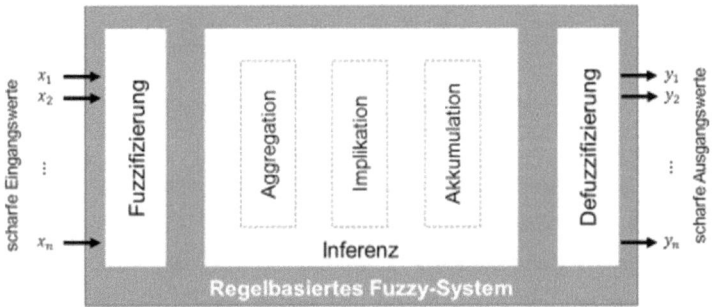

*Abbildung 1: Aufbau eines regelbasierten Fuzzy-Systems*[13]

## 2.2 Fuzzifizierung

Als Fuzzifizierung bezeichnet man die Umsetzung eines scharfen Eingangswertes in eine unscharfe Beschreibung dieses Wertes.[14] Dabei werden die linguistischen Variablen mit Zugehörigkeitsfunktionen in Untermengen eingeteilt, die für eine Variable, z. B. *„Temperatur"*, *„hoch"*, *„mittel"* oder *„niedrig"* heißen könnten.[15] Die verwendeten Zugehörigkeitsfunktionen sind meistens trapezförmig oder dreieckig.[16] Jeder Eingangsgröße eines Fuzzy-Systems muss eine linguistische Variable mit ihren zugehörigen linguistischen Termen zugeordnet sein. Bei der Fuzzifizierung wird der Zugehörigkeitsgrad der Eingangsgröße zu jedem der linguistischen Terme berechnet.[17]

In Abbildung 2 wird beispielhaft die Fuzzifizierung eines Temperatur-Messwertes, eine Fuzzy-Variable Temperatur mit ihren drei linguistischen Termen *„kalt"*, *„angenehm"* und *„warm"*, dargestellt. Dabei beträgt der scharfe Messwert der Temperatur $T^* = 19.5°C$.

---

[11] Jerems & Fritz, o. J., S. 10.
[12] Vgl. Bungartz, Zimmer, Buchholz, & Pflüger, 2013, S. 268.
[13] Eigene Darstellung in Anlehnung an Bungartz, Zimmer, Buchholz, & Pflüger, 2013, S. 269.
[14] Vgl. Schröder & Buss, 2017, S. 873.
[15] Vgl. Zacher & Reuter, 2014, S. 371.
[16] Vgl. Schröder & Buss, 2017, S. 873.
[17] Vgl. Bungartz, Zimmer, Buchholz, & Pflüger, 2013, S. 269.

3

Daraus ergeben sich die Zugehörigkeitsgrade $\mu_{kalt}(T^*) = 0{,}75$, $\mu_{angenehm}(T^*) = 0{,}25$ und $\mu_{warm}(T^*) = 0{,}0$.

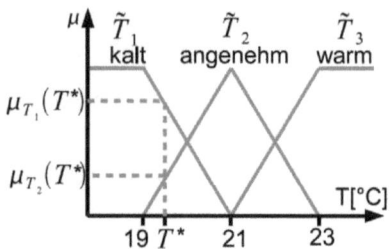

*Abbildung 2: Fuzzifizierung eines Temperatur-Messwertes[18]*

## 2.3 Inferenz

Die Inferenz ist der zweite Arbeitsschritt des Fuzzy-Controllers, der das Anwenden der Regeln auf die unscharfen Eingangsgrößen beschreibt.[19] Die Inferenz ist die Auswertung der Regelbasis und lässt sich in die drei Schritte, Aggregation, Implikation (unscharfes Schließen) und Akkumulation, unterteilen. Die Regelbasis wird aus der Gesamtheit der Regeln erzeugt, die in der WENN-UND-DANN-Form aufgebaut sind.[20] In den meisten Fällen beschränkt man sich auf UND-Verknüpfungen bei den Regelvorbedingungen, prinzipiell können jedoch beliebige Operatoren (UND, ODER, NICHT) verwendet werden.[21]

Bei der Aggregation muss der Wahrheitswert der Prämissen (WENN-Teil) sämtlicher Regeln bestimmt werden. Auf Grundlage jeder einzelnen Regel werden die Schlussfolge-rungen bei der Implikation geschlossen. Abschließend erfolgt die Bildung des Gesamtergebnisses für die komplette Regelbasis, die sogenannte Akkumulation.[22] Abbildung 3 veranschaulicht beispielhaft die Auswertung zweier Regeln eines regelbasierten Systems.

---

[18] Bungartz, Zimmer, Buchholz, & Pflüger, 2013, S. 269.
[19] Vgl. Schröder & Buss, 2017, S. 875.
[20] Vgl. Jerems & Fritz, o. J., S. 26ff.
[21] Vgl. Schröder & Buss, 2017, S. 876.
[22] Vgl. Jerems & Fritz, o. J., S. 26ff.

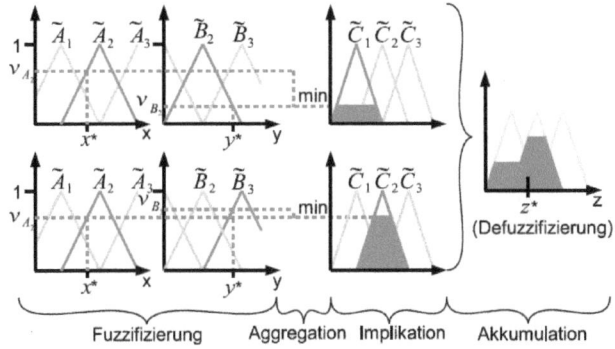

*Abbildung 3: Beispiel für die Auswertung zweier Regeln[23]*

## 2.4 Defuzzifizierung

Das Ergebnis der Inferenz bilden die Werte der Ausgangsgrößen in unscharfer Form, d.h. als Gültigkeitsgrade von unscharfen Aussagen. Diese Gültigkeitsgrade müssen im abschließenden Schritt wieder in scharfe Werte zur Ansteuerung eines Stellgliedes übersetzt werden. Dieser Schritt wird Defuzzifizierung genannt.[24] Im Wesentlichen existieren hierfür drei Verfahren:

- Flächenschwerpunktverfahren (center-of-area, CoA)
- Maximumsmittelwertverfahren (mean-of-maxima, MoM)
- Maximumschwerpunktsmethode (center-of-maxima, CoM)[25]

Das Flächenschwerpunktverfahren und die Maximumschwerpunktsmethode sind die laut der Literatur am häufigsten verwendeten Defuzzifizierungsmethoden.[26]

---

[23] Quelle: Bungartz, Zimmer, Buchholz, & Pflüger, 2013, S. 272.
[24] Vgl. Schröder & Buss, 2017, S. 876f.
[25] Vgl. Schröder & Buss, 2017, S. 877.
[26] Vgl. Heinrich, 2017, S. 1671; Schröder & Buss, 2017, S. 878.

# 3 Darstellung der Funktionsweise eines Fuzzy-Controllers anhand eines Anwendungsbeispiels

## 3.1 Beschreibung des Anwendungsbeispiels: Klimaanlage

Die Funktionsweise eines Fuzzy-Controllers wird anhand einer Klimaanlage, die über Heizung und Ventilator die Innentemperatur eines Hauses steuert, illustriert. Diese verfügt über fünf Funktionsstufen: „hohe Kühlstufe", „niedrige Kühlstufe", „Ausgeschaltet", „niedrige Heizstufe" und „hohe Heizstufe". Im Rahmen dieses Anwendungsbeispiels wird die Raumtemperatur auf 27°C und die Raumsolltemperatur auf 19°C festgelegt.

Die Klimaanlage soll die Raumtemperatur eines Hauses regulieren. Somit werden in diesem Anwendungsbeispiel zwei Eingangsgrößen ($e_1$, $e_2$) betrachtet, die Raumtemperatur ($T$) und die Raumsolltemperatur ($T_s$). Die Ausgangsgröße ($z$) soll die entsprechende Klimaanlagenstufe regeln. Hierbei handelt es sich um ein sogenanntes MISO-System (Multiple Input Single Output), in dem aus mehreren Eingangswerten genau eine Ausgangsgröße generiert wird.[27]

## 3.2 1. Arbeitsschritt: Fuzzifizierung

Im ersten Arbeitsschritt, wie in Kapitel 2.2 beschrieben, müssen scharfe Eingangswerte in unscharfe linguistische Beschreibung des Wertes umgewandelt werden. Tabelle 1 fasst die Zuordnung der Eingangsvariablen zur jeweiligen Fuzzy-Menge zusammen. Für einen scharfen Eingangswert von 26°C ergeben sich größtenteils die Fuzzy-Menge „warm" und die Fuzzy-Menge „heiß".

| Fuzzy-Menge | Raumtemperatur [°C] | Raumsolltemperatur [°C] |
|---|---|---|
| kalt | 10 | 10 |
| kühl | 15 | 15 |
| angenehm | 20 | 20 |
| warm | 25 | 25 |
| heiß | 30 | 30 |

*Tabelle 1: Zuordnung der Eingangsvariablen zur jeweiligen Fuzzy-Menge[28]*

Die Klimaanlagenregelung erfolgt durch ein kontinuierliches Abgleichen der Raumtemperatur mit der eingestellten Raumsolltemperatur, die daraus resultierende Temperatur-

---

[27] Vgl. Jerems & Fritz, o. J., S. 22.
[28] Quelle: Eigene Darstellung.

differenz bestimmt die Klimaanlagenstufe. So wird beispielsweise bei einer Temperaturdifferenz von 2,5°C die „niedrige Kühlstufe" angesteuert (siehe Tab. 2).

| Fuzzy-Menge | Temperaturdifferenz zur Klimaanlagensteuerung [°C] |
|---|---|
| hohe Heizstufe | -5 |
| niedrige Heizstufe | -2,5 |
| Ausgeschaltet | 0 |
| niedrige Kühlstufe | 2,5 |
| hohe Kühlstufe | 5 |

*Tabelle 2: Zuordnung der Ausgangsvariable zur jeweiligen Fuzzy-Menge[29]*

Die Abbildungen 4, 5 und 6 stellen die beiden Eingangsvariablen und die Ausgansvariable mit ihren entsprechenden Fuzzy-Mengen grafisch dar.[30]

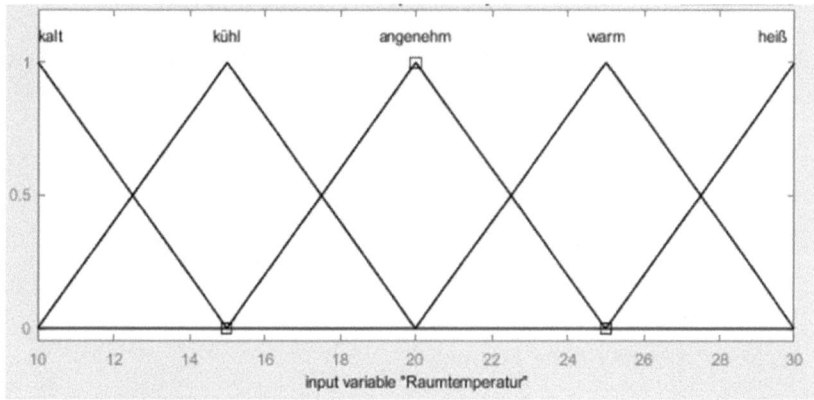

*Abbildung 4: Fuzzifizierung der Eingangsvariablen "Raumtemperatur"[31]*

---

[29] Quelle: Eigene Darstellung.
[30] Zur einfacheren Darstellung wurde die dreieckige Form gewählt.
[31] Quelle: Eigene Darstellung in „Fuzzy Logic Designer" von MATLAB Simulink®.

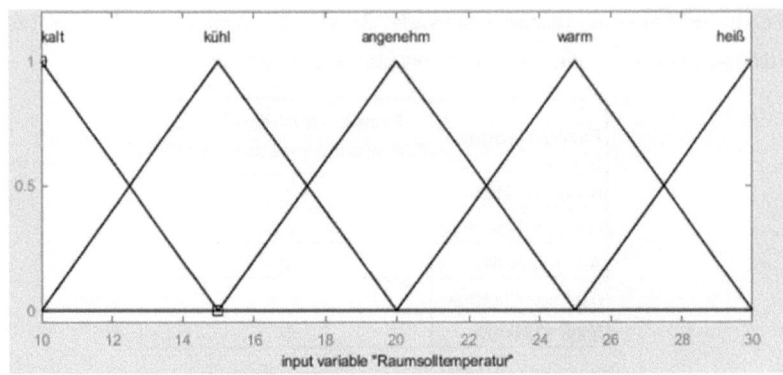

*Abbildung 5: Fuzzifizierung der Eingangsvariablen "Raumsolltemperatur"[32]*

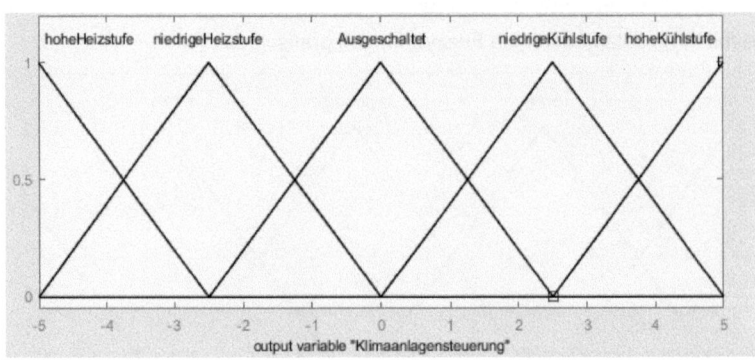

*Abbildung 6: Fuzzifizierung der Ausgansvariablen "Klimaanlagensteuerung"[33]*

## 3.3    2. Arbeitsschritt: Inferenz

Zu Beginn des zweiten Arbeitsschrittes des Fuzzy-Controllers wird die Regelbasis gebildet. Dafür werden folgende Regeln aufgestellt, die im Rahmen dieses Anwendungs-
beispiels auf neun Regeln begrenzt werden:

1. WENN die Raumtemperatur $(T)$ „kühl" UND die Raumsolltemperatur $(T_s)$ „kühl"
   ist, DANN soll die Klimaanlage auf „Ausgeschaltet" schalten.

2. WENN die Raumtemperatur $(T)$ „kühl" UND die Raumsolltemperatur $(T_s)$ „angenehm" ist, DANN soll die Klimaanlage auf „niedrige Kühlstufe" schalten.

---

[32] Quelle: Eigene Darstellung in „Fuzzy Logic Designer" von MATLAB Simulink®.
[33] Quelle: Eigene Darstellung in „Fuzzy Logic Designer" von MATLAB Simulink®.

3. WENN die Raumtemperatur ($T$) „kühl" UND die Raumsolltemperatur ($T_S$) „warm" ist, DANN soll die Klimaanlage auf „hohe Kühlstufe" schalten.

4. WENN die Raumtemperatur ($T$) „angenehm" UND die Raumsolltemperatur ($T_S$) „kühl" ist, DANN soll die Klimaanlage auf „niedrige Kühlstufe" schalten.

5. WENN die Raumtemperatur ($T$) „angenehm" UND die Raumsolltemperatur ($T_S$) „angenehm" ist, DANN soll die Klimaanlage auf „Ausgeschaltet" schalten.

6. WENN die Raumtemperatur ($T$) „angenehm" UND die Raumsolltemperatur ($T_S$) „warm" ist, DANN soll die Klimaanlage auf „niedrige Heizstufe" schalten.

7. WENN die Raumtemperatur ($T$) „warm" UND die Raumsolltemperatur ($T_S$) „kühl" ist, DANN soll die Klimaanlage auf „hohe Kühlstufe" schalten.

8. WENN die Raumtemperatur ($T$) „warm" UND die Raumsolltemperatur ($T_S$) „angenehm" ist, DANN soll die Klimaanlage auf „niedrige Kühlstufe" schalten.

9. WENN die Raumtemperatur ($T$) „warm" UND die Raumsolltemperatur ($T_S$) „warm" ist, DANN soll die Klimaanlage auf „Ausgeschaltet" schalten.

Nachdem die Regelbasis festgelegt ist, werden die Zugehörigkeitswerte der Eingangsgrößen zu den linguistischen Werten $T$ = 27°C und $T_S$ = 19°C bestimmt. Diese werden aus den Abbildungen 4 und 5 abgelesen.

Die Zugehörigkeitswerte $\mu_{\tilde{A}_i}(x^*)$ der Raumtemperatur $T$ = 27°C lauten:

$\mu_{T,kalt}$ (27°C) = 0    $\mu_{T,kühl}$ (27°C) = 0    $\mu_{T,angenehm}$ (27°C) = 0

$\mu_{T,warm}$ (27°C) = 0,6    $\mu_{T,heiß}$ (27°C) = 0,4

Die Zugehörigkeitswerte $\mu_{\tilde{B}_j}(y^*)$ der Raumsolltemperatur $T_S$ = 19°C:

$\mu_{T_S,kalt}$ (19°C) = 0    $\mu_{T_S,kühl}$ (19°C) = 0,2    $\mu_{T_S,angenehm}$ (19°C) = 0,8

$\mu_{T_S,warm}$ (19°C) = 0    $\mu_{T_S,heiß}$ (19°C) = 0

Nun kann die Aggregation, der erste Schritt der Inferenz, durchgeführt werden. Hier gilt es den Wahrheitswert $v_{WENN}^{(i,j)}$ des WENN-Teils der Regel zu bestimmen. In diesem Beispiel ist $i = j = 1$ = kühl, $i = j = 2$ = angenehm und $i = j = 3$ = warm. Damit lauten die Wahrheitswerte aus den neun Regeln:

$v_{WENN}^{(1,1)}$ = $\mu_{T,kühl}$ (27°C) $\wedge$ $\mu_{T_S,kühl}$ (19°C) = min {0 0,2} = 0

9

$$v_{WENN}^{(1,2)} = \mu_{T,k\ddot{u}hl}\ (27°C) \wedge \mu_{T_s,angenehm}\ (19°C) = \min\ \{0\ 0,8\} = 0$$

$$v_{WENN}^{(1,3)} = \mu_{T,k\ddot{u}hl}\ (27°C) \wedge \mu_{T_s,warm}\ (19°C) = \min\ \{0\ 0\} = 0$$

$$v_{WENN}^{(2,1)} = \mu_{T,angenehm}\ (27°C) \wedge \mu_{T_s,k\ddot{u}hl}\ (19°C) = \min\ \{0\ 0,2\} = 0$$

$$v_{WENN}^{(2,2)} = \mu_{T,angenehm}\ (27°C) \wedge \mu_{T_s,angenehm}\ (19°C) = \min\ \{0\ 0,8\} = 0$$

$$v_{WENN}^{(2,3)} = \mu_{T,angenehm}\ (27°C) \wedge \mu_{T_s,warm}\ (19°C) = \min\ \{0\ 0\} = 0$$

$$v_{WENN}^{(3,1)} = \mu_{T,warm}\ (27°C) \wedge \mu_{T_s,k\ddot{u}hl}\ (19°C) = \min\ \{0,6\ 0,2\} = 0,2$$

$$v_{WENN}^{(3,2)} = \mu_{T,warm}\ (27°C) \wedge \mu_{T_s,angenehm}\ (19°C) = \min\ \{0,6\ 0,8\} = 0,6$$

$$v_{WENN}^{(3,3)} = \mu_{T,warm}\ (27°C) \wedge \mu_{T_s,warm}\ (19°C) = \min\ \{0,6\ 0\} = 0$$

Die zugehörige Erfüllungsmatrix $N_{WENN}$ lautet

$$N_{WENN} = \begin{pmatrix} 0 & 0 & 0 \\ 0 & 0 & 0 \\ 0,2 & 0,6 & 0 \end{pmatrix}$$

Nun kann der zweite Schritt der Inferenz durchgeführt werden, die Implikation. Diese ist die Auswertung der WENN-DANN-Regeln. Da die Wahrheitswerte bis auf die beiden Regeln 7 und 8 den Wert „0" aufweisen, werden diese ab der Inferenz nicht mitberücksichtigt. Für die beiden Regeln 7 und 8 mit $i = j = 1 = $ kühl, $i = j = 2 = $ angenehm und $i = j = 3 = $ warm lauten die Zugehörigkeitsfunktionen $\mu_{\tilde{C}_{i,j}^*}(z)$:

$$\mu_{\tilde{C}_{3,1}^*}(z) = \min\ \left\{v_{WENN}^{(3,1)}, \mu_{hohe\ K\ddot{u}hlstufe}(z)\right\} = \min\ \left\{0,2\ , \mu_{hohe\ K\ddot{u}hlstufe}(z)\right\}$$

$$\mu_{\tilde{C}_{3,2}^*}(z) = \min\ \left\{v_{WENN}^{(3,2)}, \mu_{niedrige\ K\ddot{u}hlstufe}(z)\right\} = \min\ \left\{0,6\ , \mu_{niedrige\ K\ddot{u}hlstufe}(z)\right\}$$

Die folgende Abbildung 7 veranschaulicht durch die blau hinterlegte Fläche das Ergebnis der Implikation für die Regeln 7 und 8.

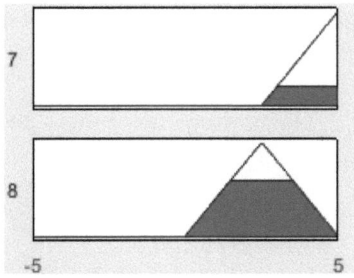

*Abbildung 7: Implikation der Regeln 7 und 8[34]*

Mit der abschließenden Akkumulation wird das Gesamtergebnis für die komplette Regelbasis gebildet. Für das vorliegende Anwendungsbeispiel sind jedoch nur die beiden Regeln 7 und 8 relevant. Damit ergibt sich folgendes Reglerergebnis:

$$\mu_{\tilde{C}^*}(z) = \max\left\{\mu_{\tilde{C}^*_{3,1}}(z); \mu_{\tilde{C}^*_{3,2}}(z)\right\}$$

Die Akkumulation ist die Überlagerung der Ergebnisse der Implikation. Die daraus resultierende Fläche $\tilde{C}^*$ wird in Abbildung 8 veranschaulicht.

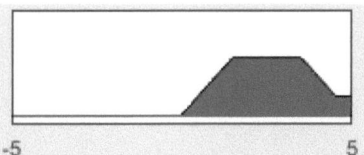

*Abbildung 8: Akkumulierte Gesamtfläche nach der Auswertung der Regeln[35]*

## 3.4  3. Arbeitsschritt: Defuzzifizierung

Mit dem letzten Arbeitsschritt, der Defuzzifizierung, erfolgt die Rücktransformation des unscharfen Inferenzmusters $\tilde{C}^*$ in eine scharfe Ausgangsgröße $z^*$. Das im Rahmen der Inferenz ermittelte Inferenzmuster bildet dafür den Ausgangspunkt. Aus diesem Flächenwert wird ein scharfer Ausgabewert erzeugt. Dafür wird in diesem Anwendungsbeispiel die Defuzzifizierungsmethode CoA angewandt. Der Schwerpunkt der Gesamtfläche, Center-of-Area (CoA) oder auch Center-of-Gravity (CoG) genannt, auf die Abszisse projiziert, stellt den gesuchten scharfen Ausgabewert $z^*$ dar. Das Ergebnis der CoA-Methode ergibt den Wert von 2,57 zur Klimaanlagensteuerung (siehe Abb. 9). Somit

---

[34] Quelle: Eigene Darstellung in „Fuzzy Logic Designer" von MATLAB Simulink®.
[35] Quelle: Eigene Darstellung in „Fuzzy Logic Designer" von MATLAB Simulink®.

schaltet die Klimaanlage auf die niedrige Kühlstufe, um die Raumtemperatur auf 19°C zu kühlen.

*Abbildung 9: Grafische Bestimmung der scharfen Ausgangsgröße mit der CoA-Methode[36]*

---

[36] Quelle: Eigene Darstellung in „Fuzzy Logic Designer" von MATLAB Simulink®.

# 4 Vor- und Nachteile des Fuzzy-Controllers

Bei der Verwendung von Fuzzy-Controllern ist die wesentlich einfachere Beschreibung und das Verhalten des Systems anhand von linguistischen Ausdrücken, auf Basis des vorhandenen technischen Wissens, möglich, sodass auf mathematische Beschreibungsverfahren verzichtet werden kann. Die einfache Verwendung von Expertenwissen auch für Nichtspezialisten der Regelungstechnik wird somit möglich. Dadurch ergibt sich eine recht schnelle, realistische, problembezogene und aussagekräftige Modellierung, die auch bei komplexen Systemen mit nichtlinearem Verhalten angewendet werden kann.

Darüber hinaus zeichnen sich die Fuzzy-Controller durch eine gute Wartbarkeit aus, sollte die Regelung in einem Bereich nicht zufriedenstellend sein, können entsprechende Regeln ergänzt oder verändert, bzw. die Definition der Fuzzy-Mengen verändert werden. Häufig erweist sich auch die gute Nachvollziehbarkeit der Ergebnisse als positiv, denn notfalls können die leicht verständlichen Regeln auch per Hand der Reihe nach durchgerechnet werden.[37]

Trotz der Vorteile sind die Fuzzy-Controller jedoch nicht lernfähig, was gerade gegenüber neuronalen Netzen von Nachteil ist. Eine automatische Anpassung an eine sich verändernde Umgebung ist somit nicht möglich. Um eine optimale Nutzung des Fuzzy-Controllers zu gewährleisten, muss entsprechendes Regelwissen (z.B. Expertenwissen) verfügbar sein. Darüber hinaus könnte es bei mehreren Defuzzifizierungsmethoden schwierig sein, die richtige Methode zu finden, da jede Methode ein anderes Ergebnis mit sich bringt.

Mögliche Fehler in der Entstehungsphase können zum späteren Zeitpunkt kaum wieder verbessert werden. Darüber hinaus zerstört die Rückübersetzung in die unscharfen Werte oft den Vorteil der Unschärfe. Außerdem ist eine gegenläufige Abhängigkeit zwischen der Geschwindigkeit des Fuzzy-Controllers und der Ergebnisgüte vorhanden, der sogenannte Trade-off. Entweder ist die Berechnung des scharfen Endwertes komplex, langsam und mit einem guten Ergebnis oder schnell, dafür jedoch mit einem schlechteren Ergebnis.[38]

---

[37] Vgl. Müller, 1997.
[38] Vgl. Müller, 1997.

# 5 Zusammenfassung

Die grundlegende Idee von LOTFI A. ZADEH zur Steuerung von Systemen mit Fuzzy-Logik wurde 1973 in seinem „Prinzip der Inkompatibilität" dargelegt, dass Präzision über ein gewisses Maß hinaus nicht sinnvoll ist. Anstatt von scharfen, eindeutigen Messgrößen werden bei der Fuzzy-Logik umgangssprachliche, linguistische Variablen verwendet, um somit komplexen Systemen zu einer übersichtlichen Darstellung ohne mathematischer Beschreibung zu verhelfen. Das aus Expertenbeobachtungen hervorgehende Expertenwissen lässt sich über linguistische Begriffe und Fuzzy-Regeln in einem Fuzzy-System abbilden.

Ein Fuzzy-System arbeitet innerhalb des Controllers mit unscharfen Fuzzy-Mengen, von außen betrachtet arbeiten Fuzzy-Controller jedoch mit scharfen Ein- und Ausgangsgrößen. Daher arbeiten Fuzzy-Controller in den drei Arbeitsschritten, Fuzzifizierung, Inferenz und Defuzzifizierung, die unter anderem die Transformation von scharfen Größen sowie die Rücktransformation von unscharfen Größen miteinschließen. Diese Funktionsweise wurde anhand einer Klimaanlage illustriert, die die Raumtemperatur von 27°C auf 19°C regeln soll. Das Ergebnis zur Klimaanlagensteuerung ergab den scharfen Wert von 2,57, der anhand der CoA-Defuzzifizierungsmethode ermittelt wurde. Somit schaltet die Klimaanlage auf die niedrige Kühlstufe, um die Raumsolltemperatur von 19°C zu erreichen.

Fuzzy-Controller zeichnen sich zum einen durch ihre einfachere Verwendung aus. Aber auch ihre gute Wartbarkeit sowie die Nachvollziehbarkeit der Ergebnisse erweisen sich als positiv. Zum anderen sind Fuzzy-Controller jedoch nicht lernfähig im Vergleich zu neuronalen Netzen, sodass eine automatische Anpassung an sich verändernde Umgebung nicht möglich ist. Außerdem ist entsprechendes Regelwissen notwendig, um den Fuzzy-Controller optimal nutzen zu können. Weitere Nachteile bilden der Trade-off, mehrere Defuzzifizierungsmethoden sowie die Zerstörung des Vorteils der Unschärfe durch die Rückübersetzung.

Nichtsdestotrotz sind Fuzzy-Controller eine gute Alternative gegenüber regelbasierten Systemen ohne Fuzzy-Logik. Auf Fuzzy-Logik basierende Lösungen können ohne großen Aufwand realisiert werden. Mit ihrer Hilfe ist möglich anhand von unscharfen Informationen bestimmte Prozesse zu steuern, wie bspw. der Einsatz in Haushalts- und Medizingeräten sowie Kraftfahrzeugen, der ein robustes Verhalten erforderlich macht.

# Literaturverzeichnis

Biewer, B. (1997). *Fuzzy-Methoden: Praxisrelevante Rechenmodelle und Fuzzy-Programmiersprachen*. Berlin: Springer.

Bungartz, H.-J., Zimmer, S., Buchholz, M., & Pflüger, D. (2013). *Modellbildung und Simulation. Eine anwendungsorientierte Einführung*. 2. Aufl. Berlin, Heidelberg: Springer.

Heinrich, B. (2017). Fuzzy-Regelung. In A. Böge, & W. Böge, *Handbuch Maschinenbau. Grundlagen und Anwendungen der Maschinenbau-Technik*. 23. Aufl. (S. 1665-1672). Wiesbaden: Springer Vieweg.

Jerems, S., & Fritz, A. (o. J.). *Systemdesign. Fuzzy III. SYD816*. AKAD Bildungsgesellschaft mbH.

Kruse, R., Borgelt, C., Braune, C., Klawonn, F., Moewes, C., & Steinberecher, M. (2015). *Computational Intelligence. Eine methodische Einführung in Künstliche Neuronale Netze, Evolutionäre Algorithmen, Fuzzy-Systeme und Bayes-Netze*. 2. Aufl. Wiesbaden: Springer Vieweg.

Müller, G. (6. Februar 1997). *Betriebswirtschaftliches Seminar WS 96/97 der TU München. Fuzzy Logic*. Abgerufen am 22. Juni 2018 von http://ejb-ressourcen.de/docs/FuzzyLogic/FuzzyLogic.html

Schröder, D., & Buss, M. (2017). *Intelligente Verfahren. Identifikation und Regelung nichtliniearer Systeme*. 2. Aufl. München: Springer Vieweg.

Thomas, O. (2009). *Fuzzy Process Engineering. Integration von Unschärfe bei der modellbasierten Gestaltung prozessorientierter Informationssysteme*. Wiesbaden: Gabler.

Zacher, S., & Reuter, M. (2014). *Regelungstechnik für Ingenieure. Analyse, Simulation und Entwurf von Regelkreisen*. 14. Aufl. Wiesbaden: Springer Vieweg.

Zimmermann, H.-J. (März 1993). Prinzipien der Fuzzy Logic. *Spektrum der Wissenschaft*, S. 90.